Sergio Alejandro Villamil Casallas

Otimização de um aterro sanitário convencional

Sergio Alejandro Villamil Casallas

Otimização de um aterro sanitário convencional

Otimização do dimensionamento de um aterro sanitário convencional, complementando com o método Fukuoka

ScienciaScripts

Imprint

Any brand names and product names mentioned in this book are subject to trademark, brand or patent protection and are trademarks or registered trademarks of their respective holders. The use of brand names, product names, common names, trade names, product descriptions etc. even without a particular marking in this work is in no way to be construed to mean that such names may be regarded as unrestricted in respect of trademark and brand protection legislation and could thus be used by anyone.

Cover image: www.ingimage.com

Este livro é uma tradução do original publicado sob ISBN 978-620-3-03041-9.

Publisher:
Sciencia Scripts
is a trademark of
International Book Market Service Ltd., member of OmniScriptum Publishing Group
17 Meldrum Street, Beau Bassin 71504, Mauritius
Printed at: see last page
ISBN: 978-620-3-29984-7

AGRADECIMENTOS

Agradeço a todas as pessoas que, directa ou indirectamente, contribuíram para a elaboração deste projecto. Especialmente ao meu director, Professor Juan Pablo Rodriguez Miranda, que desde o início confiou em mim e me apoiou em todos os momentos,
A Universidade Distrital Francisco José de Caldas que me deu conhecimento e formação ética durante todo este tempo.

Conteúdo

SÍNTESE

A província de Almeidas, também conhecida como província da savana norte, é uma das quinze províncias do departamento de Cundinamarca (Colômbia). A província está localizada no nordeste do departamento de Cundinamarca, e é composta pelos municípios de Choconta, Macheta, Manta, Sesquile, Suesca, Tibirita e Villapinzon. De momento não dispõe de aterros sanitários funcionais na sua jurisdição, uma vez que os dois que possuem estão encerrados por danos ambientais e uma administração defeituosa. O objectivo é optimizar um aterro convencional com o método Fukuoka, um método utilizado pela primeira vez no Japão nos anos 70; este método consiste em gerar uma decomposição semi-aeróbica de resíduos por meio de colunas de aeração, este método também tem uma recirculação de lixiviado. Estas novas implementações num aterro sanitário convencional fazem com que a qualidade do lixiviado melhore e a produção de metano diminua. Procedemos à localização possível através do software ArcGIS, que é um Sistema de Informação Geográfica (SIG), para este procedimento foram tidos em conta os critérios de exclusão dados pelos regulamentos colombianos e manuais internacionais. Com o local seleccionado, procedemos à selecção do método convencional (área, vala ou combinado), e finalmente procedemos à concepção do aterro convencional com a optimização do método Fukuoka.

Palavras-chave: Aterro Sanitário, Fukuoka, Resíduos sólidos.

ABSTRACT

A Província de Almeidas, também conhecida como Província da Savana do Norte, é uma das quinze províncias do departamento de Cundinamarca (Colômbia). A província está localizada no nordeste do departamento de Cundinamarca, é conformada pelos municípios de Choconta, Macheta, Manta, Sesquile, Suesca, Tibirita e Villapinzon. Actualmente, não existem aterros sanitários funcionais na sua jurisdição, uma vez que os dois foram encerrados por danos ambientais e por uma administração deficiente. O objectivo é realizar a optimização de um aterro sanitário convencional com o método Fukuoka; é um método utilizado pela primeira vez no Japão nos anos 70, este método consiste em gerar uma decomposição de resíduos de forma semi-aeróbica por meio de colunas de arejamento, tem também uma recirculação de lixiviados. Estas novas implementações num aterro sanitário convencional fazem com que a qualidade do lixiviado melhore e a produção de metano diminua. Procedemos à procura da possível localização através do software ArcGIS, que é um Sistema de Informação Geográfica (SIG), pois este procedimento foi considerado exclusão dada pelos regulamentos colombianos e manuais internacionais. Com o local seleccionado, procedemos à selecção do método convencional (área, vala ou combinado), e finalmente procedemos à concepção do aterro sanitário convencional com a optimização do método Fukuoka.

Palavras-chave: Aterro sanitário, Fukuoka, Resíduos sólidos.

Introdução

Para o ano 2018, a Colômbia eliminou uma média de 30.973 toneladas/dia de resíduos sólidos. A ilustração 1 mostra a média diária de resíduos sólidos eliminados consolidada a partir da média diária de toneladas eliminadas 2010-2018 (Superservicios, 2019). Tendo isto em conta, podemos ver o aumento de aproximadamente 26,9%, que em média aumenta em 3% de ano para ano.

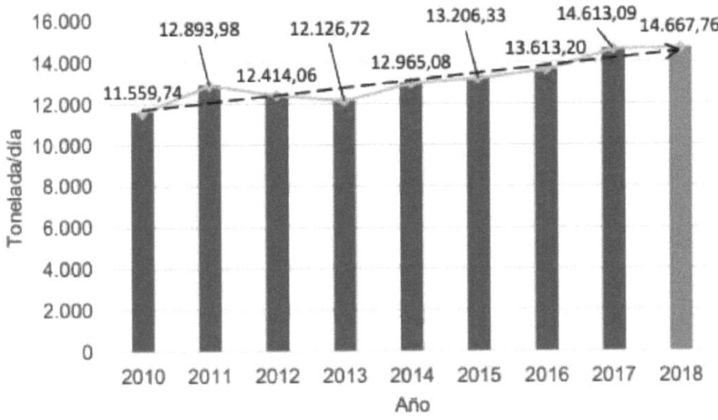

História consolidada de toneladas diárias médias escoadas 2010 - 2018 na Colômbia. Fonte: Relatórios de Disposição Final da SSPD

Variação	2010201 1	2011201 2	2012201 3	2013201 4	2014201 5	2015201 6	2016201 7	20172018
Percentage m de mudança	11,54%	-3,27%	-2,31%	6,91%	1,86%	3,08%	7,35%	0,37%

Quadro 1. A percentagem muda de ano para ano. Fonte: Relatórios de eliminação final SSPD e informações SUI.

É possível observar uma tendência geral de aumento da produção de resíduos sólidos, isto pode ser devido a diferentes factores; um deles pode ser o crescimento excessivo da população. Um dos principais problemas do aumento de resíduos sólidos é que estes levam a aterros para o topo da sua capacidade num tempo mais curto do que o estimado, outra variável que afecta os aterros são as falhas administrativas e operacionais, gerando problemas de saúde. Um exemplo claro do problema nos aterros sanitários foi o que aconteceu na província de Almeidas (Cundinamarca), que compreende os municípios de Choconta, Macheta, Manta, Sesquile, Suesca, Tibirita e Villapinzon, mais especificamente no aterro sanitário de Choconta, onde o lixiviado se infiltrou afectando uma fonte de abastecimento de águas subterrâneas conhecida como Tilata, a mais valiosa riqueza em águas subterrâneas que tem o município, sendo esta uma das principais causas do encerramento do mesmo.

Devido a isto, o objectivo é melhorar o dimensionamento de um aterro sanitário convencional (vala, área ou método combinado) comummente desenvolvido na Colômbia, estes métodos não sofreram grandes "actualizações", porque não implementam novas tecnologias nem optimizam a sua metodologia, pelo que, em países como a Colômbia, os aterros sanitários têm grandes complicações tanto ambientais como sociais. Por conseguinte, foi implementado um método não convencional (Fukuoka) para fornecer uma possível solução para aterros convencionais. O método Fukuoka baseia-se na melhoria da qualidade do lixiviado e do biogás através de um processo natural de avanço que consiste numa diferença de temperatura entre as camadas de aterro e o ambiente externo. Este método tem sido amplamente estudado no Japão desde o início dos anos 70 na Universidade Fukuoka (Matsufuji, 1978). Daí, conhecido como o "método Fukuoka". O estudo mostrou que a estabilização de resíduos num aterro aumenta quando o oxigénio está presente devido a um maior nível de actividade microbiana. Além disso, a qualidade do lixiviado melhorou a um ritmo muito mais rápido, e a geração de metano, sulfureto de hidrogénio e outros gases foi significativamente reduzida (Bureau, 1999). A partir de estudos de investigação à escala piloto e de laboratório, o sistema foi subsequentemente aplicado a procedimentos em larga escala com uma série de aplicações tanto no Japão como no estrangeiro (China, Malásia, Samoa) (Yasushi Matsufuji, 2016).

Para determinar a área adequada na concepção do aterro proposto foi tido em conta, o uso do solo, geomorfologia, hidrologia, áreas de reserva natural, entre outros, da mesma forma que isto deve estar em conformidade com os regulamentos legais em vigor e a recolha de informação adequada para o desenvolvimento de métodos de aplicação em aterros no seu bom funcionamento.

Aterros Sanitários de Cundinamarca.

Entre os aterros sanitários encontrados no departamento de Cundinamarca, podemos encontrar o aterro sanitário Nuevo Mondonedo, situado em Bojaca e Praderas del Magdalena, situado em Girardot, que se encontram entre os aterros sanitários em que a maioria dos resíduos é depositada neste departamento (Defensoria del, 2010). A eliminação de resíduos também pode ser observada no aterro sanitário de Dona Juana, nos aterros sanitários locais que se encontram: Cucunuba, Choconta e Villapinzon, cujas localizações se situam em municípios de Cundinamarca.

O aterro sanitário de Nuevo Mondonedo recebe 65% dos resíduos do departamento, recebendo resíduos de 76 municípios do departamento. O aterro de

Praderas del Magdalena recebe 19% dos resíduos, sendo que 22 municípios depositam aí os seus resíduos. Entre os 5% encontram-se o aterro sanitário Dona Juana juntamente com outros aterros, que recebem resíduos de 6 e 7 municípios. Na percentagem restante encontramos aterros locais com 2%, célula transitória e aterro aberto com 1%. (Defensoria del, 2010).

Preenchimento	Não. município	Municípios
Novo Mondonedo (65%)		Alban, Guasca, Silvana, Anolaima, Guatavita, Simijaca, Bituima, Guayabal de Siquima, Soacha, Bojaca, Junin, Sopo, Cachipay, La Mesa, Subachoque, Cajica, La Palma, Suesca, Carmen de Carupa, La Pena, Supata, Supata, Chia, La Vega, Susa, Cogua, Lenguazaque, Sutatausa, Cota, Madrid, Tabio, El Penon, Mosquera, Tausa, El Rosal, Nemocon, Tena, El Colegio, Nimaima, Tenjo, La Calera, Nocaima, Tocancipa, Facatativa, Pacho, Topaipi, Fomeque, Paime, Ubate, Funza, Quebrada Negra, Utica, Fuquene, Quipile, Vergara, Fusagasuga, San Francisco, Viani, Gachancipa, San Cayetano, Villa Gomez, Gachala, Sasaima, Villeta, Gacheta, Sesquile, Yacopi, Guacheta, Sibate, Zipacon, Zipaquira, San Antonio del Tequendama. Tibirita, Gama, Granada, Manta e Ubala (Municípios que têm um contrato com qualquer um dos acima mencionados para fazer a eliminação final dos seus resíduos).
Prados de Magdalena (19%)		Anapoima, Arbelaez, Apulo, Beltran, Cabrera, Girardot, Guataqui, Jerusalém, Nilo, Pasca, Ricaurte, Narino, Pandi, Puli, San Bernardo, San Juan de Rioseco, Venecia, Viota, Tibacuy, Agua de Dios, Tocaima, Chaguani.
Dona Juana (5%)		Caqueza, Une, Chipaque, Fosca, Ubaque, Choachi.
Instalações (2%)		Cucunuba, Choconta, Villapinzon.
Outros recheios (5%)		La Dorada (Caparrapi, Puerto Salgar e Guaduas) Garagoa (Macheta). Parque Ecológico Reciclante24 (Guayabetal, Medina e Paratebueno).
Célula transitória (1%)	1	Gutierrez.
Lixeira aberta (1%)	1	Queteme.

Tabela 2: Aterros sanitários em Cundinamarca. (Defensoria del, 2010).

PROVÍNCIA DE ALMEIDAS

A província de Almeidas é composta pelos municípios de Choconta, Macheta, Manta, Sesquile, Suesca, Tibirita e Villapinzon, entre os quais o aterro sanitário de Choconta e Villapinzon, ambos actualmente encerrados (ROMERO, 2017); (Tiempo, 2009).

- Choconta: Até 2010, existiam 2 componentes para a gestão de resíduos; um para a utilização de resíduos e o outro para a eliminação final na mesma propriedade. Nesta altura, o aterro de Choconta não tinha uma licença ambiental, apesar de ter uma vida útil de 20 anos, no entanto, este aterro foi encerrado entre finais de 2010 e princípios de 2011. Este aterro não fazia cobertura diária, o que para a comunidade gerava maus cheiros e proliferação de vectores, nos quais se encontravam aves carrónicas. Foi também relatado que a fonte de água subterrânea mais valiosa deste município, a formação Tilata, estava a ser contaminada pelo lixiviado gerado pelo aterro sanitário que se encontrava a 500 metros do centro da cidade (Defensoria del, 2010); (Tiempo, 2009).

- Villapinzon: Em 2010, este município produziu 108 toneladas de resíduos sólidos por mês, localizado a 9 km do centro urbano, foi encerrado a 14 de Agosto de 2014, para o qual foram tidas em conta extensões, no entanto, sem realização devido à falta de terra. No estudo realizado pelo Provedor de Justiça, a visita de campo teve em conta as condições em que o aterro foi encontrado, tais como o seu mau estado, uma vez que os resíduos não foram cobertos na sua totalidade, a falta de uma frente de eliminação planeada, a falta de um sistema adequado de lixiviados, entre outros factores que foram julgados como uma falta de gestão das entidades competentes, pelo que lhe foi dado o seu consequente encerramento pela RCA, como uma imposição de medida preventiva que pode ser vista na resolução OPAG Nº 089 de 1 de Julho de 2014 (Defensoria del, 2010); (ROMERO, 2017).

Objectivo geral

1. Optimizar o dimensionamento de um aterro sanitário convencional complementando-o com o método Fukuoka. Estudo de caso na província de Almeidas (Cundinamarca).

Objectivos específicos.

1. Fazer uma descrição dos aterros sanitários na província de Almeidas (Cundinamarca, Colômbia).
2. Avaliar as técnicas de actualização de um aterro sanitário convencional.
3. Desenvolver a optimização do dimensionamento do aterro sanitário para a província de Almeidas (Cundinamarca).

Justificação

Todos os dias a população vê um aterro sanitário como um inimigo, e não como um aliado para combater a contaminação (Olivero, 2010). Actualmente existem poucos municípios na Colômbia que implementam um aterro sanitário na sua jurisdição, pois é entendido mais como um problema do que como uma solução, mas tudo isto porque na Colômbia utilizamos métodos convencionais, métodos que devem ser renovados, tais como uma instalação integrada de valorização de resíduos (PIVR) ou complementá-los com métodos que melhorem o desempenho e a eficácia, Portanto, o Método Fukuoka é proposto como uma solução possível, que consiste em promover o fluxo de ar advectivo, devido às diferenças de temperatura entre a massa de resíduos despejados e o ambiente externo, o que ajuda a aumentar a qualidade do lixiviado e a diminuir a geração de biogás (Yasushi Matsufuji, 2016). Este método não é novo, pois foi criado nos anos 70 na Universidade Fukuoka, localizada no Japão, mas até há pouco tempo veio para a América Central e do Sul. E com os conhecimentos obtidos na aula sobre resíduos sólidos ministrada pelo Professor Juan Pablo Rodriguez Miranda na Universidad Distrital Francisco José de Caldas, queremos ver e analisar o funcionamento deste método.

Metodologia

Ao longo da história da ciência, surgiram várias correntes de pensamento (tais como empirismo, materialismo dialéctico, positivismo, fenomenologia, estruturalismo) e vários quadros interpretativos, tais como realismo e construtivismo, que abriram diferentes vias na busca do conhecimento. No entanto, e devido às diferentes premissas que as suportam, desde o século passado, tais correntes foram "polarizadas" em duas abordagens principais à investigação: a abordagem quantitativa e a abordagem qualitativa (Fernandez, 2014).

- **Abordagem quantitativa.** - é sequencial e probatório. Cada etapa precede a seguinte e não podemos "saltar" ou evitar etapas. A ordem é rigorosa, embora, é claro, possamos redefinir algumas fases.
- **Abordagem qualitativa.** - é também orientada por áreas ou temas significativos de investigação. Contudo, em vez de clareza sobre questões e hipóteses de investigação antes da recolha e análise de dados, podem desenvolver questões e hipóteses antes, durante ou depois da recolha e análise de dados (Zarate, 2019).

Para este trabalho é utilizada uma abordagem quantitativa, mas com um desenho descritivo. Muitas vezes o objectivo do investigador é descrever situações e eventos. Ou seja, como um certo fenómeno é e se manifesta (Sampieri, 2018). Além disso, baseiam-se numa base de conhecimentos mais sólida do que os exploratórios. Nestes casos, o problema científico atingiu um certo nível de clareza, mas a informação ainda é necessária para se poder estabelecer caminhos que conduzam à clarificação das relações causais (PANEQUE, 1998).

Depois de termos definido claramente o tipo de metodologia a utilizar no projecto, passamos a desenvolver a metodologia em três fases, cada uma delas respondendo aos objectivos propostos

1. **Fazer uma descrição dos aterros sanitários na província de Almeidas (Cundinamarca, Colômbia).**

1.1. Compilação de informação dos aterros sanitários em Cundinamarca, a informação é procurada em páginas governamentais, pois é a superintendência dos serviços públicos domiciliários, no Departamento Nacional de Planeamento (DNP), Ministério do Ambiente, entre outros.

1.2. Compilação de informação sobre aterros sanitários na Província de Almeida, esta é procurada principalmente no aicaidi'as local, no PGIRS ou no gabinete do Provedor de Justiça.

1.3. A data de encerramento dos aterros é determinada através dos documentos das autoridades locais, notícias sobre os aterros, e os decretos pelos quais estes foram encerrados.

1.4. A informação encontra-se em artigos de investigação ou científicos, decretos emitidos pela RCA ou qualquer outra autoridade ambiental e notícias em portais da web.

2. Avaliar as técnicas de actualização de um aterro sanitário convencional.

2.1. Compilação de informação sobre as diferentes técnicas para o melhoramento de um aterro sanitário. Algumas das técnicas foram: planta de valorização térmica, planta de sanduíche, método Fukuoka, planta de reciclagem, planta de biogás, planta de compostagem.

2.2. É seleccionado um método e toda a informação necessária sobre o mesmo é pesquisada.

2.3. A informação foi obtida através das bases de dados da Universidad Distrital Francisco José de Caldas, e dos acordos que esta apresenta com diferentes instituições.

3. Realizar a optimização do dimensionamento do aterro sanitário para a província de Almeidas (Cundinamarca).

3.1 São feitos cálculos para encontrar a população futura, áreas óptimas, quantidade de resíduos sólidos gerados pela província, quantidade de lixiviado, produção de biogás, área de compostagem e incineração, utilizando as fórmulas apresentadas no Quadro 3. Estes cálculos são retirados da aula sobre resíduos sólidos ministrada pelo Professor Juan Pablo Rodriguez Miranda em 2019.

3.2. Através de um Sistema de Informação Geográfica (SIG) foi localizada uma área possível, o que pode ser visto na ilustração 2, que mostra os passos efectuados no SIG, onde camadas como drenagem, lagoas, parques naturais nacionais, estradas, entre outras, foram tidas em conta. Esta informação foi obtida do Instituto Geográfico Agustin Codazzi (IGAC) através da sua plataforma virtual.

3.3. É seleccionado a partir dos tipos de área de construção de aterros convencionais, trincheiras ou aterros combinados, dependendo das condições do solo dadas pelo GIS.

3.4. o método seleccionado para optimização de aterros é incorporado, dependendo do tipo de construção escolhido, uma vez que para cada tipo de construção a sua implementação é diferente.

3.5. O respectivo plano é elaborado e deve estar em conformidade com as normas colombianas e internacionais.

3.6.

Dimensionamento do aterro sanitário, para a província de Almeidas em Cundinamarca.

1. projecção populacional		
Método aritmético. $Pf = Pa + k*(Tf - Ta)$	Método exponencial. $Pf = Pa * e_{k*}{}^{(Tf \sim Ta)}$	Método geométrico. $Pf = Pa * (1 + r)^{Tf \sim Ta}$

2. Quantidade de resíduos sólidos e área líquida para o aterro.	
Wrsu (kg/dia). $Wrsu = p * PPC$	Área líquida $Aneta = \dfrac{L \quad . \quad VrSU}{Fv/A}$

3. Estimativa do fluxo de lixiviado	
Fenn (1975) $_n{}''{}^\wedge KaH2O \qquad ''T_{,,7}$ $^{0,165} kg\ rsu * {}^{Wrsu}$ $Q_L = pn2o$	Mongue (1998) $QL = P \left(\dfrac{mm}{m.es}\right) * Aneta * K4$

4. Estimativa de biogás	
Modelo mexicano $Qbiogas = \underline{{}^\wedge 2} * k * lo * Mi$ $(e \sim K*T)$	Modelo EPA $Qbiogas = 2 * lo * r * (e \sim K*c - e \sim K*T)$

5. Estação de compostagem	
Área total de compostagem $Act = Aci * Top * 30$	Volume total da estação de compostagem $Vtpc = \dfrac{Wrsu\ orqanico}{\text{------------} \quad \text{-------}}$

6. Instalação de incineração	
Volume da câmara de combustão	, -- Fluxo de Incineração
$Vcamara = \dfrac{Pci}{\text{- - ----}}$	$Qincineração = \dfrac{Ycamara}{\text{-------}}$ $4Tr$

Quadro 3: Fórmulas utilizadas para o dimensionamento de aterros. Fonte Juan Pablo Rodriguez Miranda, 2019

13

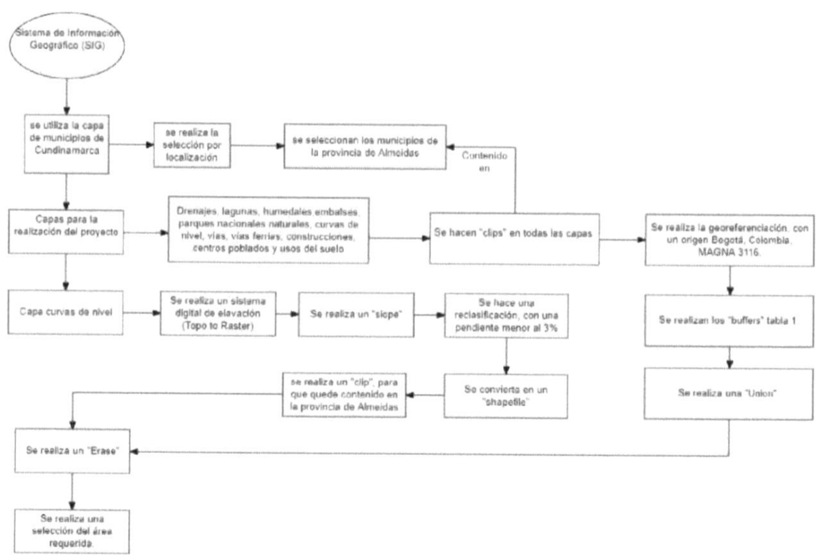

Fluxograma SIG, a rota utilizada para encontrar o melhor local possível para um aterro sanitário. Fonte: Autor.

Camada	Tampão (metros)	Camada	Tampão (metros)
Reservatórios, lagoas, zonas húmidas e drenagem	200	Construções (escolas e centros de saúde)	500
Via (Tipo 1 e Tipo 4)		Via (Tipo 5 e Tipo 6)	
Via (tipo 2)	50	Zona Urbana, Manta e Tibirta	2000
Zona Urbana Choconta	6000	Zona Urbana, Cacicazgo	1000
Zona urbana, Macheta, Sesquile, Suescay Villapinzon	5000	Zona urbana, La playa, San Roque, Siatoya, Hato Grande, Santa rosita, Soatama	500

Tabela 4. zona de influência gerada por um tampão no ArcGIS, Fonte: Autor. Tamanho do tampão retirado da resolução 0330 de 2017.

t (dost o mas Pistas	1	Revestimento duro, Estrada pavimentada, Estrada pavimentada	Maior do que 5,5 mts de largura	É traçável durante todo o ano com um volume de tráfego que não é muito inferior à sua capacidade durante a estação seca. É exclusivamente adequado para condições meteorológicas	Re quer muito pouco cultivo. inspecções y reparações periódicas
Z (duas) o mais faixas		Pavimento solto a ligeiro, Estrada não pavimentada	Maior do que 5,5 mts de largura	5e mantido aberto ao tráfego durante o tempo chuvoso, mas com muito menos tráfego do que durante o tempo seco. Se muito tráfego for transportado durante o tempo chuvoso, a estrada ficará arruinada	Necessita de manutenção periódica
1 {Lin | ca rrili		Revestimento duro, Garrets ra pavimentado	Entradas de 2,5 mts de largura y me nem de 5,5 mts	Passável durante todo o ano com um volume de tráfego não muito inferior à sua capacidade durante a estação seca. Só pode ser danificado por condições meteorológicas adversas.	Requer muito poucas inspecções culdadD. y reparações periódicas
1 (un| calha		Pavimento solto a ligeiro, Estrada não pavimentada	Entre 2,5 mts de largura y me no r de 5,5 mts	5e mantido aberto ao tráfego em tempo chuvoso, mas com muito menos tráfego do que durante o tempo seco. Se houver muito tráfego durante o tempo chuvoso, este ficará arruinado	Necessita de manutenção periódica
1 (uma) faixa	5	Tréguas In-co ns, revestimento solto o nenhum, natural	Entre 2,5 mts de largura y me no r que 5,5	Tnansitabte em tempo seco para todo o tipo de veículos.	Necessita de manutenção frequente

Forma natural		Não revestido	Conjunto de 2 mts de jnrho y menor que 2,5 mts	através de tracção natural.	apenas em veículos
Caminho		Podem ser colocados de naturais a construídos. podem ser encontrados com revestimentos		As estradas não são suficientemente largas para que os veículos de quatro rodas passem por elas.	
Peatooal	a	5e pode ser encontrado com revestimentoD o sem o		As zonas destinadas ao tráfego pedonal exclusivo estão localizadas em zonas urbanas.	

Ilustração 3. quadro retirado de (IGAC, 2010) Categorização de estradas.

Estado da arte

Os resíduos sólidos ou resíduos sólidos são todos os resíduos produzidos por actividades humanas e animais que são normalmente sólidos e que são descartados como inúteis ou inutilizáveis (Tchobanoglous, 1994). Os resíduos sólidos podem ser classificados de acordo com a sua origem, gestão ou perigosidade:

RESÍDUOS SÓLIDOS POR ORIGEM		
Tipo de resíduos sólidos	Gerado por...	Descrição
Lixo doméstico.	actividades domésticas realizadas em casa	Sucata alimentar, revistas, garrafas, latas, etc.
Resíduos comerciais.	Estabelecimentos comerciais de bens e serviços.	Papéis, plásticos, embalagens diversas, resíduos de higiene pessoal, latas, etc.
Resíduos da limpeza de espaços públicos.	Serviços de varrimento e limpeza de estradas, calçadas, praças e outras áreas públicas.	Papéis, plásticos, invólucros, resíduos vegetais, etc.
Resíduos de instalações de cuidados de saúde.	Processos e actividades para cuidados médicos e investigação em estabelecimentos tais como: hospitais, clínicas, centros de saúde e postos de saúde, laboratórios clínicos, clínicas, entre outros.	Agulhas, gaze, algodão em lã, órgãos patológicos, etc.
Resíduos industriais.	Actividades dos vários ramos industriais, tais como a manufactura, mineração, química, energia, pesca e outros similares.	Lodo, cinzas, escória metálica, vidro, plásticos, papel, que são normalmente encontrados misturados com substâncias perigosas.
Resíduos de actividades de construção.	Actividades de construção e demolição. Fundamentalmente inerte.	Pedras, blocos de cimento, madeira, entre outros, (clareira).
Resíduos agrícolas.	Actividades agrícolas e pecuárias.	Fertilizante, pesticida, recipientes de agroquímicos, etc.

Resíduos de instalações ou actividades especiais.	Geradas em infra-estruturas, normalmente de grande dimensão e de risco no seu funcionamento, a fim de prestar determinados serviços públicos ou privados.	Resíduos de estações de tratamento de esgotos, portos, aeroportos, entre outros.
RESÍDUOS SÓLIDOS DE ACORDO COM A SUA GESTÃO		
Gestão de resíduos municipais.	São de origem doméstica, limpeza urbana e produtos de actividades que geram resíduos semelhantes a estes, os quais devem ser depositados em aterros sanitários.	resíduos alimentares, papel, varreduras de ruas e estradas, ervas daninhas, garrafas, latas, papel, embalagens e similares.
Gestão de resíduos não municipais.	São aqueles que, devido às suas características ou ao manuseamento a que devem ser sujeitos, representam um	resíduos metálicos contendo chumbo ou mercúrio, resíduos de pesticidas, herbicidas, entre outros.
	risco significativo para a saúde ou para o ambiente.	Todos eles devem ser depositados nos aterros de segurança.
DE ACORDO COM A SUA PERIGOSIDADE		
Resíduos sólidos perigosos.	Sonaquellosqueporsus ou o manuseamento a que estão ou serão submetidos, representam um risco significativo para a saúde ou para o ambiente.	óleos industriais, óleos usados, trapos contaminados, solventes, tintas, baterias, baterias, plásticos contaminados.
Resíduos sólidos não perigosos.	são aqueles produzidos por pessoas em qualquer lugar e desenvolvimento da sua actividade, que não representam um risco para a saúde e o ambiente.	Material reciclável, orgânico, entre outros.

Quadro 5: Extraído de (Ambiente, 2010). Classificação dos resíduos sólidos.

Aterro

É uma técnica de eliminação final de resíduos sólidos no solo, que não causa incómodo ou perigo para a saúde e segurança públicas, nem prejudica o ambiente durante ou após a operação. Esta técnica utiliza princípios de engenharia para confinar os resíduos numa área tão pequena quanto possível, cobrindo-a diariamente com camadas de solo e compactando-a para reduzir o seu volume. Além disso, prevê os problemas que podem ser causados pelos líquidos e gases produzidos no aterro, devido à decomposição da matéria orgânica (Estefani Rondon Toro, 2016). O que se pretende com a implementação de um aterro sanitário é mitigar os danos ambientais e proteger a saúde da comunidade, uma vez que não tendo um controlo adequado dos resíduos sólidos estes podem contaminar as fontes de águas superficiais e atrair vectores que podem propagar doenças graves a uma comunidade (FOCIMIRS, 2017).

Tipos de aterros sanitários:

- Aterro manual

é definida como uma alternativa técnica e económica para algumas cidades que geram menos de 20 toneladas de resíduos sólidos por dia. Para este tipo de aterro só é necessário equipamento pesado para a construção de estradas internas, preparação do local e escavação de valas ou material de cobertura. Quanto a outros trabalhos, todos podem ser efectuados manualmente, o que permite às populações de baixos rendimentos, incapazes de adquirir e manter equipamento pesado permanente, eliminar os seus resíduos sólidos de forma adequada e utilizar a mão-de-obra fornecida pelo próprio município. (CEPIS, 1997); (Jaramillo, 2002); (Estefani Rondon Toro, 2016).

A tecnologia deste tipo de aterro é limitada, um exemplo claro disso é que a compactação do material é menos eficiente, e consequentemente, a estabilidade do corpo do resíduo não permite alturas elevadas. Esta situação resulta na necessidade de mais espaço com um consequente aumento da produção de lixiviado (Roben, 2008).

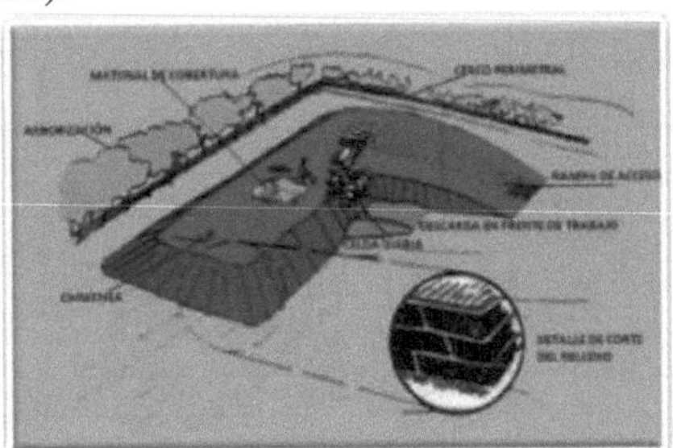

Ilustração 4. aterro manual, Fonte: (ministério, 2010).

- Aterro mecânico

é definido como aterros com compactação mecanizada, total ou parcial, e é aplicável a municípios de média e grande dimensão, que, devido à quantidade de resíduos sólidos gerados, seriam impossíveis de manusear à mão, requerendo, portanto, maquinaria para actividades como espalhamento, compactação e cobertura de resíduos sólidos. Se a população gera entre 17 e 40 toneladas/dla de resíduos (CEPIS, 1997).

No aterro mecanizado há normalmente um ou dois tractores compactadores que realizam o trabalho de colocação, compactação e cobertura dos resíduos; e a escavação e transporte necessários para fornecer novo material de cobertura (Roben, 2008).

Aterro sanitário mecanizado, fonte (FOCIMIRS, 2017).

O Quadro 5 apresenta algumas recomendações indicando em que situação prefere que tipo de

aterro sanitário.

CARACTERÍSTICAS	PREENCHIMENTO	ENCHIMENTO MECÂNICO
Populações <5000 habitantes	SIM	NÃO
5000< Populações<20000	NÃO	SIM
Populações>20000 habitantes	NÃO	SIM
Utilização de ferramentas pequeno (pá, carrinho de mão, etc.)	SIM	SIM
Utilização de maquinaria adaptado (tractor tractor, rolos, saltos, etc.)	SIM	SIM
Utilizaçãodemaquinaria pesados (tractores, lagartas, etc.)	NÃO	SIM
Pessoal qualificado	NÃO	SIM
Cerca perimetral	SIM	SIM
Cabina de controlo	NÃO	SIM
Balança de pesagem	NÃO	SIM
Sistema de tratamento de lixiviados	SIM	SIM

Metodologia para a frente de trabalho	Escavação de células em terreno plano	Colina artificial em terreno plano
	Construção de celas em socalcos numa encosta	Enchimento de um riacho seco Encher um poço
Sistema de tratamento de gás	SIM	SIM

Quadro 6: Indicações para a melhor localização de um aterro sanitário. Extraído de (ministério, 2010)

Métodos de construção de aterros sanitários

Aterro sanitário a céu aberto	Método de vala	Método de Área	Método combinado
Este lugar funciona normalmente sem critérios técnicos.	Terra plana e com solosquetengan boas características coesivas.	É implementado em áreas relativamente planas, onde não é viável escavar ou escavar trincheiras para enterrar o lixo	deve cumprir o condições geohidrológicas, topográficas e físicas do terreno.
Permita-a contaminação até ao solo.	Nível da água freática é profunda	Isto pode ser depositado directamente sobre o solo original, que deve ser elevado a alguns metros	Pode começar com o método do trincherie e continuar com o método da área ou vice versa.
é uma das práticas mais comuns antigos que tenham sido utilizados.	Recomenda-se um declive de 3:1 para que não haja perigo de a desmoronar-se.	Pode ser utilizado faltas faltas natural, tal como a podem ser pedreiras.	Os dois são combinados para fazer melhor uso da terra, e para obter melhor resultados.
os resíduos sólidos são abandonados sem separação ou tratamento.	O material que é extraído quando a vala é feita, é utilizado como material de cobertura, para formar as células	Os fossos são construídos com um declive suave na encosta para evitar deslizamentos de terra	são considerados os mais eficientes, pois poupam o transporte de material de telhado (desde que esteja disponível no local) e aumentam a vida útil do local.
Doenças de origem vectorial.	Profundidades de dois a cinco metros.	Material de coveringbebe transportados a partir de outros locais	

Afecta seriamente a saúde das pessoas que vivem perto destes hotspots	As dimensões das trincheiras são dadas pelas características do terreno.	O operação download e a construção das células deve começar de baixo para cima.	
Poluição da água águas subterrâneas (aquíferos) e águas superficiais por percussão e escoamento de água de lixiviados.	Tem de construir canais perimetral para capturar e desviar a água da chuva e mesmo fornecer as valas com drenos internos, por outro lado, as valas poderiam ser inundadas.	Recomenda-se uma relação vertical/horizontal de 1:3 para 1:2, respectivamente, e 1 a 2 graus à superfície, ou 2 a 3,5%.	

Tabela 7 Métodos de construção de aterros sanitários. Fonte: (CEPIS, 1997) (Estefani Rondon Toro, 2016) (FOCIMIRS, 2017) (Jaramillo, 2002) (Tchobanoglous, 1994).

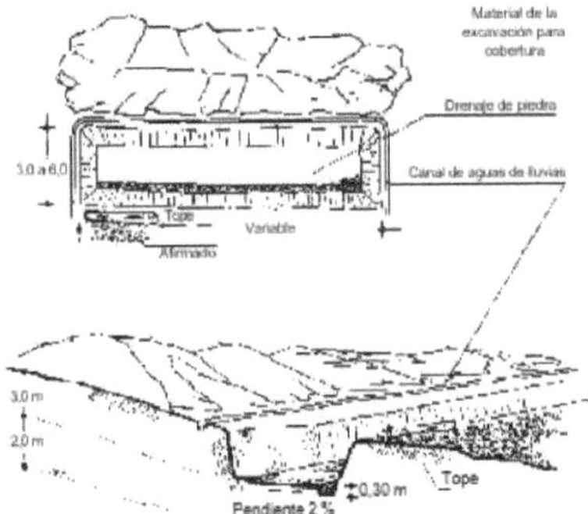

Ilustração 6. método de vala para construir um aterro sanitário, fonte: (Jaramillo, 2002).

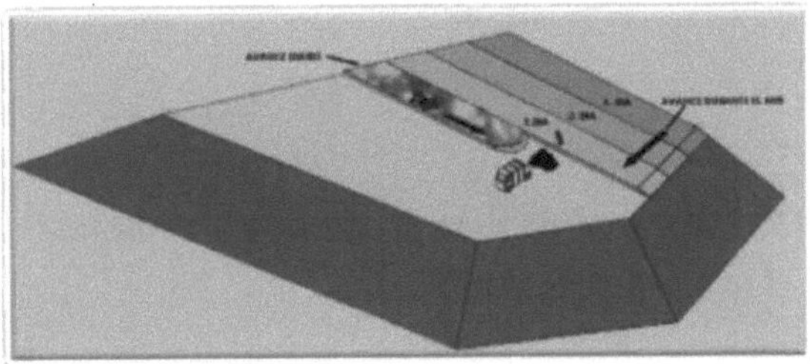

Ilustração 7: Método da área do aterro, fonte: (ministério, 2010)

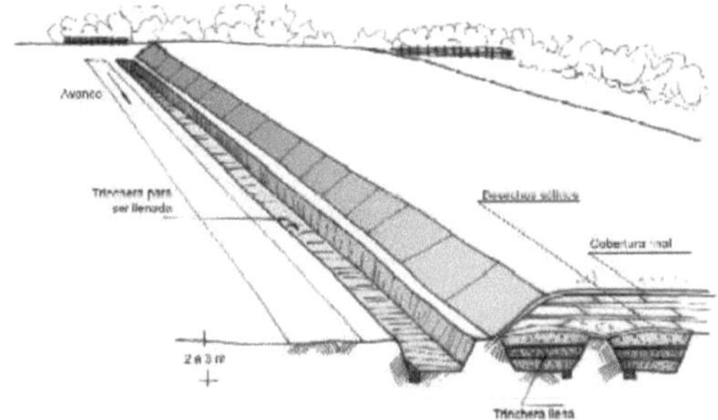

Figura 8: Combinação de ambos os métodos para construir um aterro

Sistema de recolha e evacuação de lixiviados

É implementado um sistema de recolha e evacuação de lixiviado para evitar a contaminação de fontes subterrâneas, a fim de poder dar um tratamento adequado ao lixiviado e assim mitigar a sua contaminação em fontes de águas superficiais (PATMUNI, 2009). Recomenda-se a concepção do fundo do aterro num sistema de espinha de arenque. Em grandes aterros é recomendado dividir a área em pequenas "bacias" com um colector maior no centro (ministério, 2010).

Normalmente a camada de drenagem é feita de cascalho ou rochas. As pedras utilizadas devem ser grandes (com dimensões mais ou menos homogéneas) e não conter partículas finas. Isto assegura uma boa permeabilidade hidráulica. A espessura hidraulicamente eficiente deve ser de pelo menos 30 cm; recomenda-se construir uma camada com uma espessura de 50 cm a fim de proteger a permeabilidade hidráulica durante muitos anos (SEMARNAT, 2009).

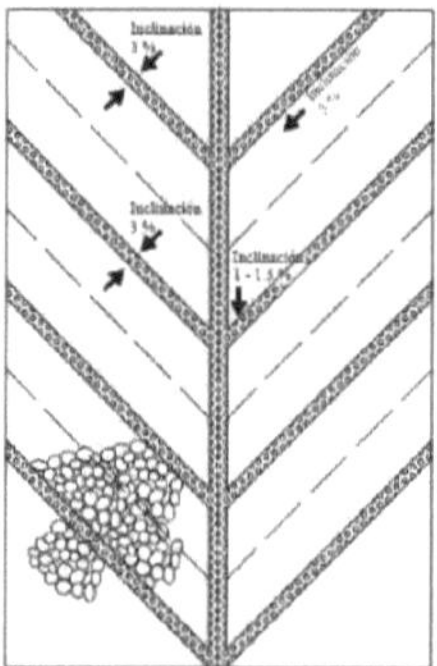

Ilustração 9: Colocação do tubo de drenagem de acordo com o sistema "herringbone". Fonte: (Roben, 2008).

ATERROS SEMI-AERÓBICOS

Método Fukuoka.

O método de ventilação natural baseia-se num desenho de aterro destinado a promover um fluxo de ar advectivo devido às diferenças de temperatura entre a massa de resíduos depositados em aterro e o ambiente externo. O sistema de aterro semi-aeróbico tem sido amplamente estudado no Japão desde o início da década de 1970 na Universidade Fukuoka (Matsufuji, 1978). Daí, conhecido como o "método Fukuoka". O estudo mostrou que a estabilização de resíduos num aterro aumenta quando o oxigénio está presente devido a um maior nível de actividade microbiana. Além disso, a qualidade do lixiviado melhorou a um ritmo muito mais rápido, e a geração de metano, sulfureto de hidrogénio, e outros gases foi significativamente reduzida (Bureau, 1999). A partir de estudos de investigação à escala piloto e laboratorial, o sistema foi subsequentemente aplicado a procedimentos em larga escala com uma série de aplicações tanto no Japão como no estrangeiro (China, Malásia, Samoa) (Y asushi Matsufuji, 2016).

- **Decomposição aeróbica**

As substâncias orgânicas nos resíduos sólidos urbanos, tais como hidratos de carbono e gorduras, são decompostas por um processo metabólico aeróbico (na presença de oxigénio) em ácidos gordos e álcool. Este processo funciona da mesma forma que os animais e as plantas utilizam a respiração (TANAKA, 2000). A decomposição aeróbica dos resíduos sólidos é geralmente mais rápida do que a decomposição anaeróbica e os seus produtos finais são substâncias simples e inodoras como o dióxido de carbono, água e ácido nítrico (Gijutsu, 2010).

Um tipo particular de aterro semi-aeróbico foi desenvolvido como um projecto conjunto da cidade de Fukuoka e da Universidade de Fukuoka que foi oficialmente aceite no Japão como o "Método de Aterro Semi-Aeróbico (Método Fukuoka) e foi adoptado como tecnologia padrão nacional para a eliminação de resíduos sólidos pelo Ministério da Saúde e do Bem-Estar (JICA, 2010).

- **Princípios**

Os aterros semi-aeróbicos baseiam-se no princípio físico simples representado graficamente na Figura 10. O ar flui para as camadas de resíduos por um processo natural de avanço na presença de uma diferença de temperatura entre as camadas de aterro (Tlf) e o ambiente externo (Ta). Esta diferença é estabelecida quando os resíduos depositados em aterro contêm quantidades significativas de

Ocorrem compostos orgânicos putrescíveis e reacções de degradação exotérmica. Em condições aeróbias, o calor libertado pode aumentar os resíduos. temperatura da massa em 50 a 70 C°. A teoria da ventilação natural num aterro semi-aeróbico é explicada pelas teorias da dinâmica dos fluidos de fluxo e difusão gasosa através de meios porosos (Yasushi Matsufuji, 2016).

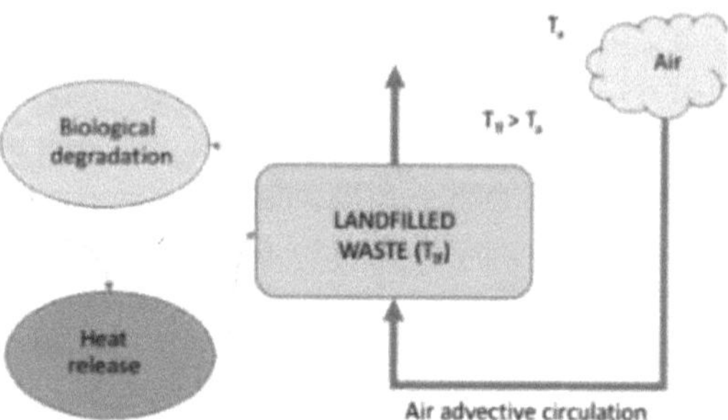

Princípio do fluxo de ar advectivo em aterros semi aeróbicos (Tlf e Ta %
Temperaturas, respectivamente, em aterros e em ambientes externos).

De um ponto de vista estrutural, um sistema de aterro semi-aeróbico consiste numa rede de tubos horizontais instalados no fundo dos sectores de aterro e tubos de ventilação verticais erguidos em intersecções específicas dos tubos horizontais (Figura 11) (Yasushi Matsufuji, 2016) (Bureau, 1999).

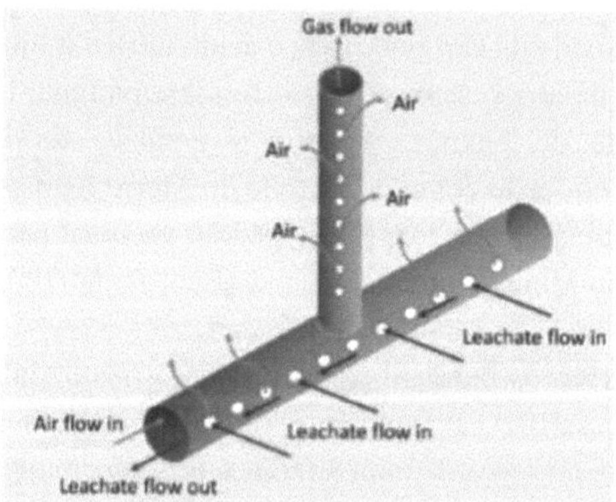

Diagrama conceptual da recolha horizontal e dos tubos verticais de ventilação
de gás num sistema de
aterro semi-aeróbico. (Chong, 2005).

Esta rede de tubagens promove a circulação do ar dentro da massa de resíduos, acelerando assim a estabilização dos resíduos e produzindo efeitos positivos na qualidade e quantidade das emissões. Os compostos orgânicos degradam-se mais eficazmente em condições aeróbias do que em condições anaeróbias e o amoníaco é oxidado, gerando lixiviado, que é mais fácil e mais barato de manusear. A geração de CH4 e H2S é significativamente reduzida, o que contribui para a prevenção do aquecimento (num processo semi-aeróbico, a proporção de CO2 e CH4 é aproximadamente 4:1, muito superior à proporção de 1:1 num aterro anaeróbico) (Yasushi Matsufuji, 2016). Devido à impossibilidade em sistemas semi-aeróbios de alcançar condições aeróbias em toda a massa de resíduos, as áreas aeróbias e anaeróbias continuam a coexistir, aumentando a desnitrificação dos compostos de azoto oxidado com subsequente libertação de gás N2. Os mecanismos e conceitos utilizados no sistema semiaeróbico são ilustrados na Figura 8 (Chong, 2005).

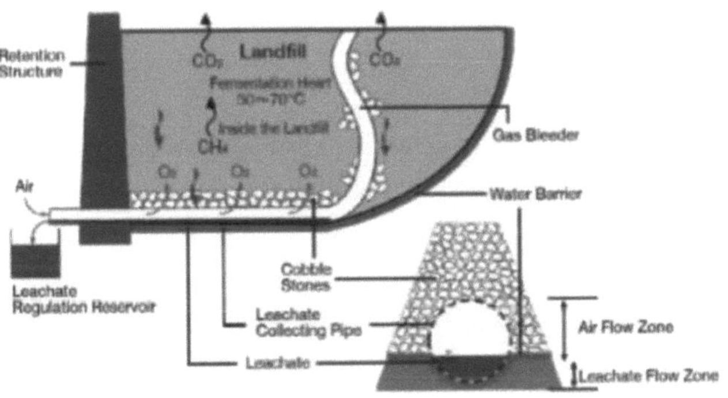

O aterro semi aeróbio é o método Fukuoka (Yasushi Matsufuji, 2016).

Tratamento de resíduos sólidos urbanos.

O tratamento na gestão integrada de RSU tem como principal objectivo reduzir os riscos para a saúde e o seu potencial poluente. Por esta razão, a solução mais apropriada deve ser escolhida de acordo com as condições técnicas, económicas, sociais e ambientais locais (Tchobanoglous, 1994) (Jaramillo, 2002).

Compostagem	Redução de volume de RSU Produção de condicionadores de solo. Poupança em aterros. Recuperação da matéria orgânica, N, P e K nos ciclos do solo.	Valores baixos de N, P, K. Emissões de CO2. Problemas de marketing. Eficiência baixa a média. Altos investimentos.
Incineração	Redução de peso e volume. Poupança em aterros. Elevada recuperação de energia.	Poluição atmosférica. *Custo elevado de operação e manutenção. Gera cinzas. Investimentos muito elevados.
Reciclagem	Utilização de materiais. Poupança de energia. Redução de resíduos. Sustentabilidade ambiental.	Riscos ocupacionais inerentes à recuperação de materiais. reciclado (elevado potencial para poluição). Problemas de comercialização de material reciclado.

Quadro 8. principais alternativas técnicas para o tratamento e destino final dos resíduos sólidos urbanos. fonte: (Ullca, 2006).

RESULTADOS

1.   ATERROS SANITÁRIOS NA PROVÍNCIA DE ALMEIDAS

Na província de Almeidas Cundinamarca, existem actualmente dois aterros sanitários localizados nos municípios de Choconta e Villapinzon, que se encontram encerrados até hoje. Note-se que estes aterros locais, compactação não mecanizada e também não tinham licença ambiental necessária para o seu funcionamento, causando impactos ambientais e comunidades circundantes (Cundinamarca, PGIRS Villapinzon, 2018), (Cundinamarca, PGIRS Choconta, 2018).

Aterro Sanitário de Choconta: Está situado no Veracruz, com o nome da propriedade El Salvio, a uma distância de 2,3 km da Câmara Municipal, identificada com o número de registo cadastral 00-0003118. Este aterro foi encerrado em 2010 por não ter licença ambiental e problemas na gestão integrada do aterro, devido a isso contribuiu para a contaminação de uma fonte de água subterrânea muito importante para o município, também ajudou à proliferação de vectores e odores na área, sendo um problema para a saúde pública no município de Choconta, uma vez que este município está localizado a apenas 500 metros do aterro. O aterro tinha uma área de utilização de resíduos sólidos, o que o tornou moderno para a época da sua construção e tem uma cerca viva, o que ajuda a mitigar os odores ofensivos.

O aterro sanitário de Choconta foi planeado de acordo com as normas, informações e regulamentos da época (em 1989), realizando todos os estudos relevantes para mitigar todos os impactos ambientais por ele causados (CAR, 1989).

Aterro sanitário de Villapinzon: Está localizado 9 km a sul da cidade de Villapinzon, no lado oriental da estrada nacional 55 nas coordenadas E: 1050540; N: 1066450 e identificado com o número de identificação cadastral 258730000006053 (Município de Villapinzon Cundinamarca, 2015).

Este aterro foi encerrado em 2014 com base na resolução OPAG n.º 089, que afirma que o aterro não tem as especificações técnicas e espaço adequado para continuar o seu bom funcionamento, no entanto, esta não foi a única razão para o seu encerramento, uma vez que não tem uma cobertura total de resíduos sólidos, Isto faz com que os resíduos sólidos de baixa densidade se dispersem e atinjam as propriedades circundantes, não tem as ferramentas para fazer um bom trabalho, não tem uma cerca viva ou uma vedação de perímetro e também tinha um sistema de drenagem de lixiviado deficiente que leva a uma grande ameaça de contaminação das fontes de água subterrâneas por lixiviado que se infiltra. Tudo isto implica que as áreas circundantes têm problemas de saúde, uma vez que estão em constante perigo de doenças que podem ser transmitidas por vectores na área. Em 2013 estava prevista a expansão do aterro através do acordo interadministrativo nº 607 de 2005, a fim de eliminar os resíduos sólidos dos municípios de Villapinzon, Macheta, Manta e Tibirita, mas não foi possível, devido à falta de terra (Defensoria del, 2010), (ROMERO, 2017).

2. TÉCNICAS PARA O MELHORAMENTO DE UM ATERRO SANITÁRIO CONVENCIONAL.

O método escolhido foi o método Fukuoka ou conhecido como método semi-aeróbico. Este método foi escolhido por várias razões, algumas delas são que o método é inovador porque chegou há aproximadamente 5 anos à América Latina, no entanto, foi implementado pela primeira vez em 1970 na Universidade Fukuoka, localizada no Japão.

Foi evidenciado em estudos realizados no Japão a partir dos anos 70 que o método Fukuoka é um método altamente eficiente para países em desenvolvimento e desenvolvidos, porque tem um baixo custo de manutenção e implementação e facilidade de construção, porque este método não tem normas rigorosas sobre materiais de construção, em países como a Malásia para a construção da zona aeróbica (área que cobre a câmara de aeração) foram utilizados desde cadeiras de plástico a pneus de camião. Este método por ter uma degradação semi aeróbica, reduz os odores, reduz a quantidade de gás metano produzido por um aterro, tem também uma recirculação de lixiviado, com isto o lixiviado melhora a sua qualidade mostrando melhorias em parâmetros tais como CBO, CQO, pH, entre outros.

3. OPTIMIZAÇÃO DO DIMENSIONAMENTO DE UM ATERRO SANITÁRIO PARA A PROVÍNCIA DE ALMEIDAS

3.1 A estimativa da população de 2020 a 2045 foi realizada por métodos geométricos, exponenciais e logarítmicos, como mostra o Quadro 3. Os resultados obtidos nesta parte são descritos como homogéneos, pois o coeficiente de variação foi inferior a 5%, seguindo-se o cálculo da quantidade de resíduos sólidos gerados na província, pois para o ano 2045 terá gerado uma quantidade de 78776,315 kg/dia, o volume gerado no ano 2045 foi de 63896,34 m3/ano, com estes dados encontramos a área total para o dimensionamento de um aterro, que foi de 1,9 hectares. Depois foi calculada a quantidade de lixiviado gerada pelos métodos de Fenn, Ehrig e Arias, foi calculada a média e foi dada uma quantidade média de 0,000700 m3/s para o ano 2045, para a recolha de tubos de lixiviado foram utilizados tubos com um diâmetro de 4 polegadas, estes formam uma figura de espinha de arenque como mostra a Figura 9. Com a quantidade média de lixiviado o tanque de armazenamento de lixiviado é calculado, este tem dimensões de três (3) metros de profundidade, por três (3) metros de largura e seis pontos sete (6,7) metros de comprimento, é feito com a intenção de recircular o lixiviado diariamente, este tanque tem uma bomba de recirculação submersível. Além disso, foi calculada a quantidade de biogás gerada para o ano 2045, isto foi feito pelos métodos de Bioconversão, Default, EPA, Mexicano e Urrego, a média foi de 948281,62 m3/ano, também calculado o raio de influência dos colectores de biogás, é um raio de 17.São necessários 5 metros e 4 colectores por fossa, o biogás recolhido é conduzido para uma chaminé para combustão, os tubos colectores têm um diâmetro de 4 polegadas, a profundidade do colector é de 80% da profundidade da fossa, ou seja 6 metros, esta tem uma região perfurada que deve ser % do tubo e deve ter um diâmetro de 15 milímetros de perfurações (ver Anexo 1).

3.2 Através de um SIG (sistema de informação geográfica) foi encontrado o melhor local para a implementação de um aterro, porque este local cumpre a grande maioria das normas nacionais e internacionais, está localizado no município de Villapinzon com as seguintes coordenadas 1.050.032.262 1.074.282.468 Medidores, estes são dados por um MAGNA SIRGAS 3116 de origem Bogotá. Tem uma extensão de 1,9 Hectares, como pode ser visto no Anexo 2. As áreas que são roxas, no índice do plano estão com o nome de "áreas que satisfazem" são aquelas que satisfazem os critérios de exclusão e a área que está rodeada por um trilho azul claro é a que satisfaz a área desejada. Esta área foi obtida através dos critérios de exclusão vistos no Quadro 4. É de notar que a área tem uma inclinação inferior a 3% e está numa utilização do terreno de produção. A escala utilizada no plano é de 1 cm=1km, no lado inferior direito é seleccionada a localização da província de Almeidas na região de Cundinamarca, e no lado superior esquerdo é a localização de Villapinzon na província de Almeidas.

3.3 Foi escolhido um método combinado para o dimensionamento do aterro porque as condições físicas do terreno são adequadas para este tipo de construção. Inicialmente foi utilizado o método da vala, onde foram dimensionadas 5 valas, que têm uma profundidade de 5 metros, juntamente com este método o método da área é incorporado, o que faz com que a sua altura aumente 2,5 metros para cima, terminando com uma profundidade aproximada de 7,5 metros. Têm 60 metros de comprimento, e têm um perfil trapezoidal isósceles, porque na sua parte superior tem uma largura de 35 metros, e na sua largura inferior uma de 15 metros, de modo a formar um declive de 3%.

A cobertura diária será extraída da própria vala, facilitando assim a sua aquisição e cobrindo adequadamente os resíduos sólidos.

3.4 O método é optimizado através da combinação com o método Fukuoka, isto é feito com a instalação de um tubo posicionado verticalmente com um diâmetro de 0,30 metros, este tubo tem em todo o seu comprimento orifícios de um diâmetro de 0.06 metros, isto é rodeado por uma camada de cascalho, isto com um diâmetro de 0,60 metros, isto é conhecido como colunas de ventilação de gás, estas têm uma altura de 30 centímetros superior à profundidade das trincheiras para evitar que a água encha as colunas. Foram instaladas duas colunas para cada fossa, estas colunas têm uma separação de 30 metros, a separação das colunas é dada pela profundidade do enchimento porque quanto mais profundas são, menos separação têm. As colunas estão ligadas à drenagem do lixiviado, por esta razão é que o tamanho do tubo do lixiviado aumenta, porque a circulação de ar deve ser sempre de dois terços da secção do tubo, porque deve estar livre de lixiviado.

Conclusões

1.   Os aterros sanitários de Choconta e Villapinzon foram encerrados por razões muito semelhantes, pois ambos tinham erros no seu planeamento, métodos de construção, materiais de construção, tinham erros na quantidade de resíduos que iam receber, tinham uma distância inadequada do centro populacional e não tinham a quantidade certa de material de cobertura, Isto leva-nos a pensar que na Colômbia temos muito a aprender sobre esta questão, pois acredita-se que não haveria consequências se um aterro fosse construído de forma errada, o ideal é aprender pouco a pouco e melhorar estas práticas de eliminação final, que são tão importantes e necessárias na nossa sociedade.

2.   Existem muitos métodos de melhoria ou implementação para a eliminação final de resíduos sólidos, o método Fukuoka não é o único e não o melhor de todos, mas é uma alternativa viável para um país como a Colômbia que deveria estar a progredir neste tipo de tecnologia, é importante compreender o funcionamento e os processos envolvidos nesta tecnologia, pensando sempre que ela pode ser melhorada.

3.   O método Fukuoka tem duas terminologias, uma é o método de aterro semi-aeróbico e a segunda é um método de permacultura utilizado na indústria agrícola, sendo a segunda muito mais conhecida na América. Devido a isto, houve uma grande dificuldade em obter material teórico para a sua correcta implementação. No caso da implementação não foi tão difícil, porque graças aos seus autores e tornar a sua interpretação eficaz e clara, graças a este é um método fácil de compreender e não tão complexo para o incorporar num método convencional.

Recomendações

1. A possível localização do aterro não deve ser feita apenas por meio de software, são necessários estudos de campo.

2. Para o tubo de ventilação do método Fukuoka, não é necessário utilizar pedras, mas também é possível utilizar diferentes materiais, tais como pneus ou plásticos que têm um longo tempo de degradação.

3. Deve ter-se cuidado com a quantidade de resíduos sólidos na Colômbia para os anos 2015, 2016 e 2017, porque, nesses anos, os municípios com baixa população e as pequenas cidades não foram tidos em conta.

4. Não confundir o método Fukuoka, uma vez que também é chamado um método amplamente utilizado na permacultura, é melhor procurar informação sobre o assunto como método semi-aeróbico.

5. Se decidir utilizar o software ArcGIS deve ter cuidado com as coordenadas que estão a ser tratadas, porque a Colômbia tem cinco origens cartográficas diferentes, deve utilizar a que está mais próxima da área a ser estudada.

Bibliografia

Ambiente, M. d. (2010). *Guia de capacitacion a recicladores para a sua inserção nos programas de formalização municipal.*

Bureau, F. C. (1999). *O Método Fukuoka, O que é o aterro semi-aeróbico.* Japon.

CAR. (1989). *Diseno de relleno sanitario municipio de Choconta.* Bogotá: INARGOS.

CEPIS. (Janeiro de 1997). *BSSDE.* Obtido em http://webcache.googleusercontent.com/search?q=cache:http://www.bvsd e . paho.org/eswwww/fullt ext/curso/ relleno/ relleno.html

Chong, T. M. (2005). *Implementação do sistema de aterro semi-aeróbico (método Fukuoka) nos países em desenvolvimento: uma análise de custos da Malásia.* Malásia.

Cundinamarca, G. d. (2018). *PGIRS Choconta.* Bogotá.

Cundinamarca, G. d. (2018). *PGIRS Villapinzon.* Bogotá.

Defensoria del, P. (2010). *SITUACIONACTUAL DE LA GESTIONINTEGRAL DE RESIDUOS SOLIDOS: PLANTAS DE APROVECHAMIENTO Y DISPOSICIONFINAL ENEL DEPARTAMENTO DE CUNDINAMARCA.* Cundinamarca.

Estefani Rondon Toro, M. S. (2016). Guia geral para a gestão de residuos solidos domiciliarios. *Manual da CEPAL,* 51-65.

Fernandez, C. (2014). *Metodologia de Investigação.* (Vol. 6a). México: McGRAW.

FOCIMIRS. (2017). Manual sobre a Eliminação de Resíduos Sólidos Urbanos. *NIPPON KOEI LAC,* 13-27.

Gijutsu, K. (2010). *Assistência no domínio da gestão dos resíduos sólidos nos países em desenvolvimento - Aplicação do método de aterro semi-aeróbico.* Japon.

IGAC. (2010). *Especificações Técnicas Cartografia Básica. Anexo 3.* Bogotá: IGAC.

Jaramillo, J. (2002). Guia para a concepção, construção e operação de aterros sanitários manuais. *Universidade de Antioquia.*

JICA. (2010). *Um guia prático para a gestão de aterros sanitários nos países e territórios das ilhas pacif.* Oceânia: SPREP.

Matsufuji, Y. H. (1978). *Resíduos e tipo de aterro sanitário. In: Actas da 33ª Conferência Anual da Sociedade Japonesa de Engenheiros Civis.* Japon.

Mendez, A. (16 de Maio de 2019). Método Fukuoka proposto para a gestão de resíduos sólidos. *Caraíbas.*

ministério, d. (2010). *Guiapara la implementación, cierres de rellenos sanitarios operativos.* Bolívia.

Olivero, N. &. (2010). LANDFILLS IN. *ResearchGate, 348_358.*

OMS. (2018). *Organização Mundial de Saúde.* Obtido em https://www.who.int/denguecontrol/control_strategies/environmental_ma nagement/es/

PANEQUE, R. J. (1998). *METODOLOGIA DA INVESTIGAÇÃO, ELEMENTOS BASICOS PARA A CLÍNICA DE INVESTIGAÇÃO.* Havana: Ciencias Medicas del Centro Nacional de información de Ciencias Medicas.

PATMUNI. (2009). *DISENO DEL RELLENO SANITARIO PARA LA MUNICIPALIDAD DE SANTA ROSA DE COPAN.* Honduras: epypsa.

Roben, E. (2008). Concepção, construção, operação e encerramento de aterros sanitários. 5-20.

ROMERO, J. C. (2017). *APOIO NO DIAGNÓSTICO DO ESTADO ACTUAL DE ENCERRAMENTO CLA USURA E PÓS CLA USURA DO ATERRO SANITÁRIO DO MUNICÍPIO DE VILLAPINZON CUNDINAMARCA.* Bogotá.

Sampieri, R. H. (2018). *Metodologia da investigação.* Colômbia: McGRAW.

SEMARNAT. (2009). *MANUAL DE ESPECIFICAÇÕES TÉCNICAS PARA A CONSTRUÇÃO DE ATERROS SANITÁRIOS PARA RESÍDUOS SÓLIDOS URBANOS (USW) E RESÍDUOS ESPECIAIS DE GESTÃO (SMW).* México: DIRECÇÃO GERAL DA PROMOÇÃO AMBIENTAL URBANA E TOURISTA.

Superserviços. (2019). *Informe de Disposition Final de Residuos Solidos - 2018.* Bogotá.

TANAKA. (2000). *Eliminação de Resíduos com Segurança Ambiental - Construção e Gestão de Instalações, Gihoudou.* Japon.

Tchobanoglous, G. (1994). *Gestion integral de residuos solidos.* Espanha: McGraw-Hill.

Tiempo, E. (12 de Fevereiro de 2009). Polémica sobre o encerramento do aterro de Choconta. *El Tiempo,* p. 1.

Ullca, J. (2006). Aterros sanitários. *La granja,* 2-17.

Yasushi Matsufuji, A. T. (2016). Deposição de resíduos sólidos em aterro. Em *SEMIAEROBICLANDFILLING* (pp. 807819). Japão.

Zarate, B. (2019). *Metodologia da investigação. Manual del estudiante.* Lima, Peru: Unidad Academica de Estudios Generales.

Anexos

Anexo 1. Plano do aterro sanitário convencional optimizado com o método Fukuoka. Vista do plano com estrutura de estrutura de arame

Anexo 2. Plano do aterro sanitário convencional optimizado com o método Fukuoka. Vista de perfil com estrutura de estrutura de arame.

Anexo 3. Plano do aterro sanitário convencional optimizado com o método Fukuoka. Vista isométrica com estrutura de estrutura de arame.

Anexo 4. Plano do aterro sanitário convencional optimizado com o método Fukuoka. Visão do plano com estrutura realista.

Anexo 5. Plano do aterro sanitário convencional optimizado com o método Fukuoka. Vista de perfil com estrutura realista.

Anexo 6. Plano do aterro sanitário convencional optimizado com o método Fukuoka. Visão isométrica com estrutura realista.

Anexo 7. Plano da localização do aterro sanitário.

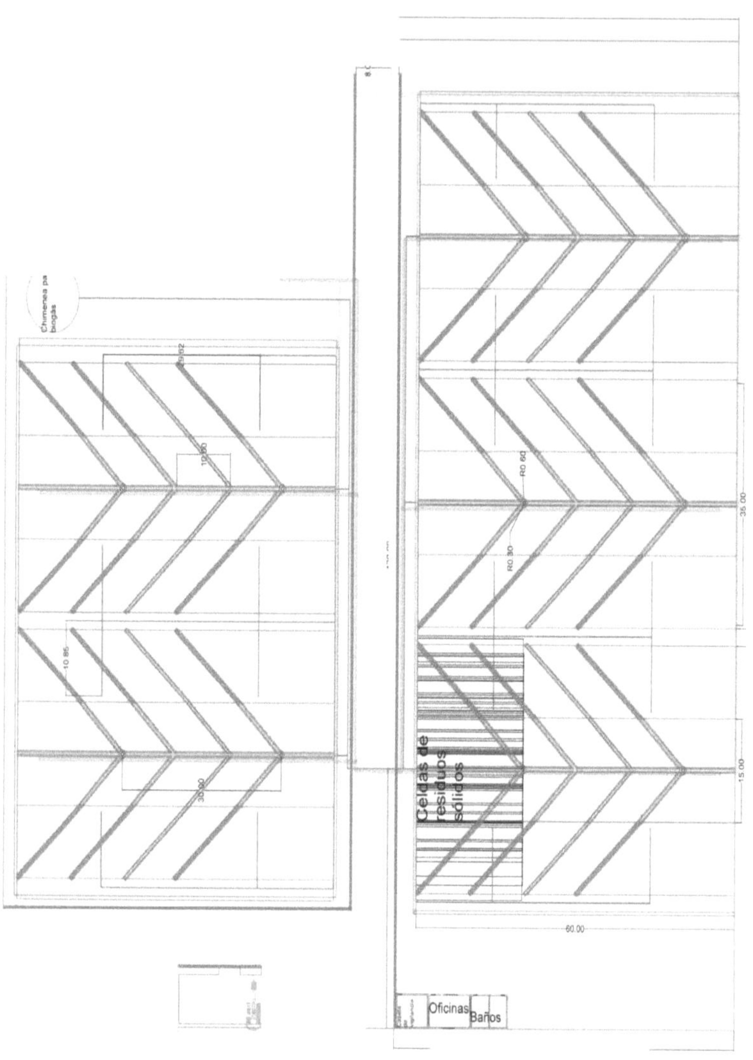

Chimenea pa biogas
Celdas de residuos sólidos
Oficinas
Baños
60.00
35.00
15.00

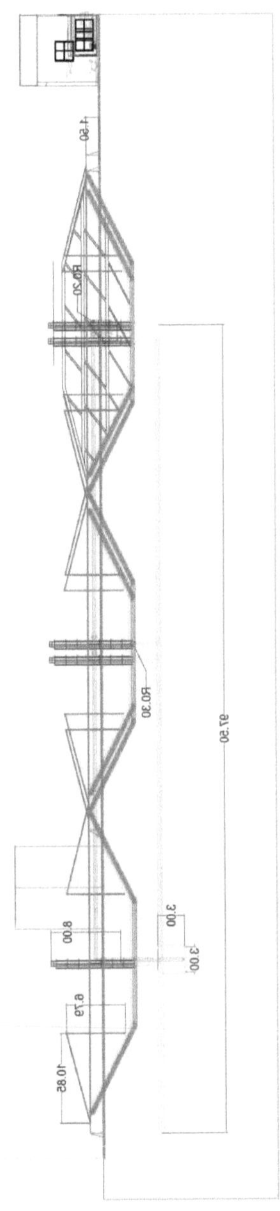

1.50
R0.30
R0.30
97.50
8.00
3.00
3.00
8.79
10.85

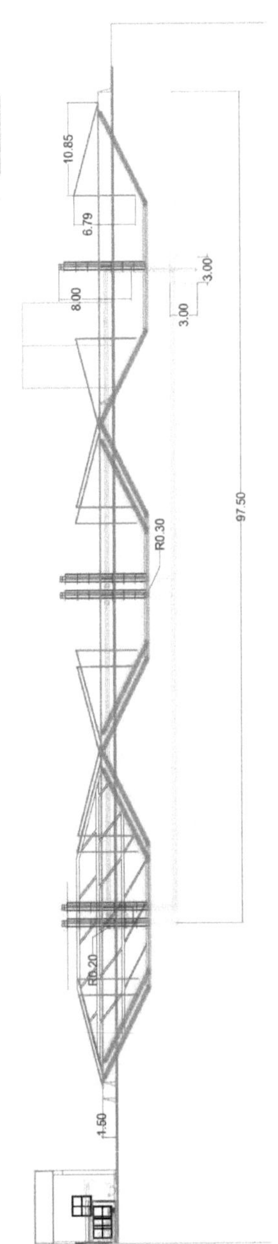

10.85
6.79
8.00
3.00
3.00
97.50
R0.30
R0.20
1.50

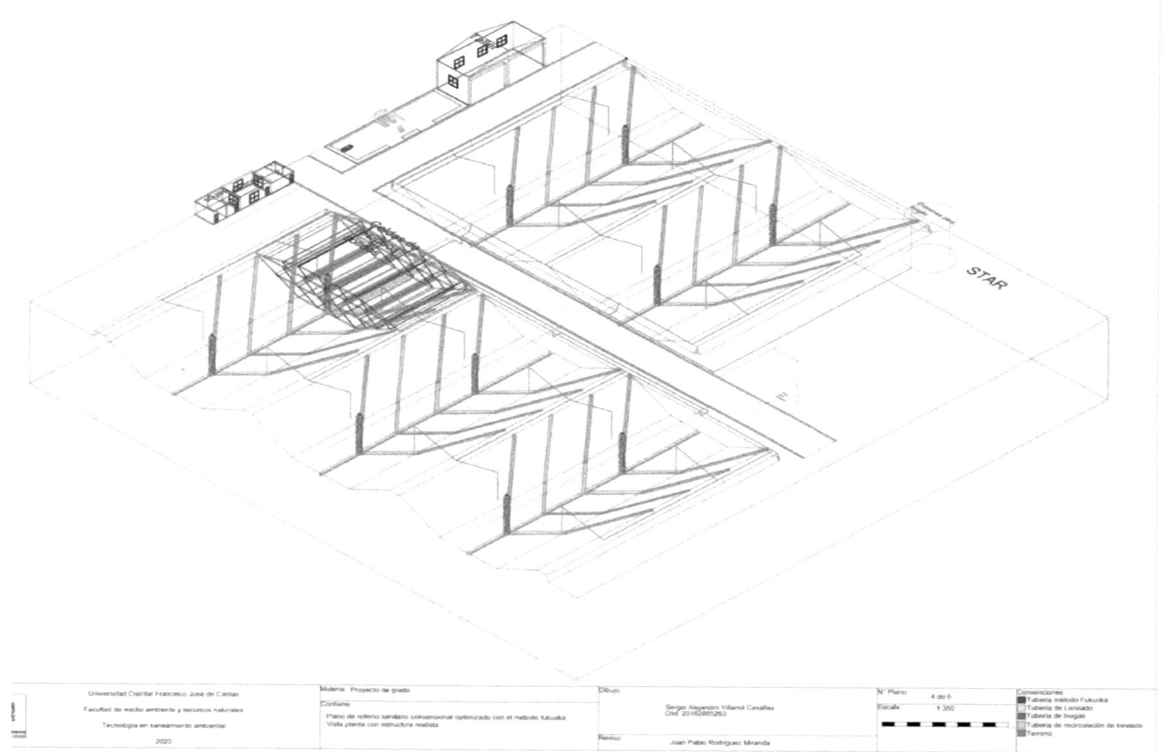

STAR

Universidad Distrital Francisco José de Caldas
Facultad de medio ambiente y recursos naturales
Tecnología en saneamiento ambiental
2020
Materia: Proyecto de grado
Contiene:
Plano de relleno sanitario convencional optimizado con el método fukuoka
Vista planta con estructura realista
Dibujo: Sergio Alejandro Villamil Casallas Cod 20162665263
Revisó: Juan Pablo Rodriguez Miranda
N° Plano: 4 de 6
Escala: 1:350
Convenciones:
Tubería método Fukuoka
Tubería de Lixiviado
Tubería de biogás
Tubería de recirculación de lixiviado
Terreno

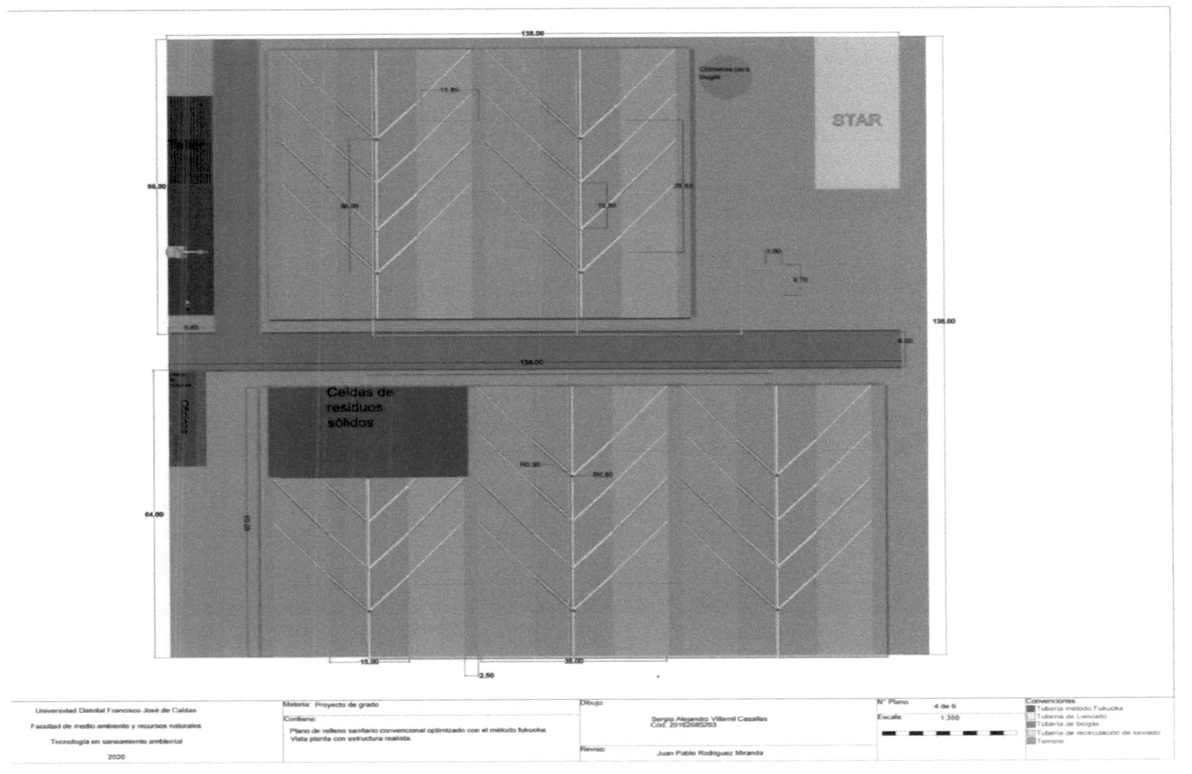

Universidad Distrital Francisco José de Caldas	Materia: Proyecto de grado	Dibujo: Sergio Alejandro Villamil Casallas Cód. 20162085253	N° Plano: 4 de 6
Facultad de medio ambiente y recursos naturales	Contiene: Plano de relleno sanitario convencional optimizado con el método fukuoka. Vista planta con estructura realista.		Escala: 1:350
Tecnología en saneamiento ambiental		Reviso: Juan Pablo Rodriguez Miranda	
2020			

Convenciones:
- Tubería método Fukuoka
- Tubería de Lixiviado
- Tubería de biogás
- Tubería de recirculación de lixiviado
- Terreno

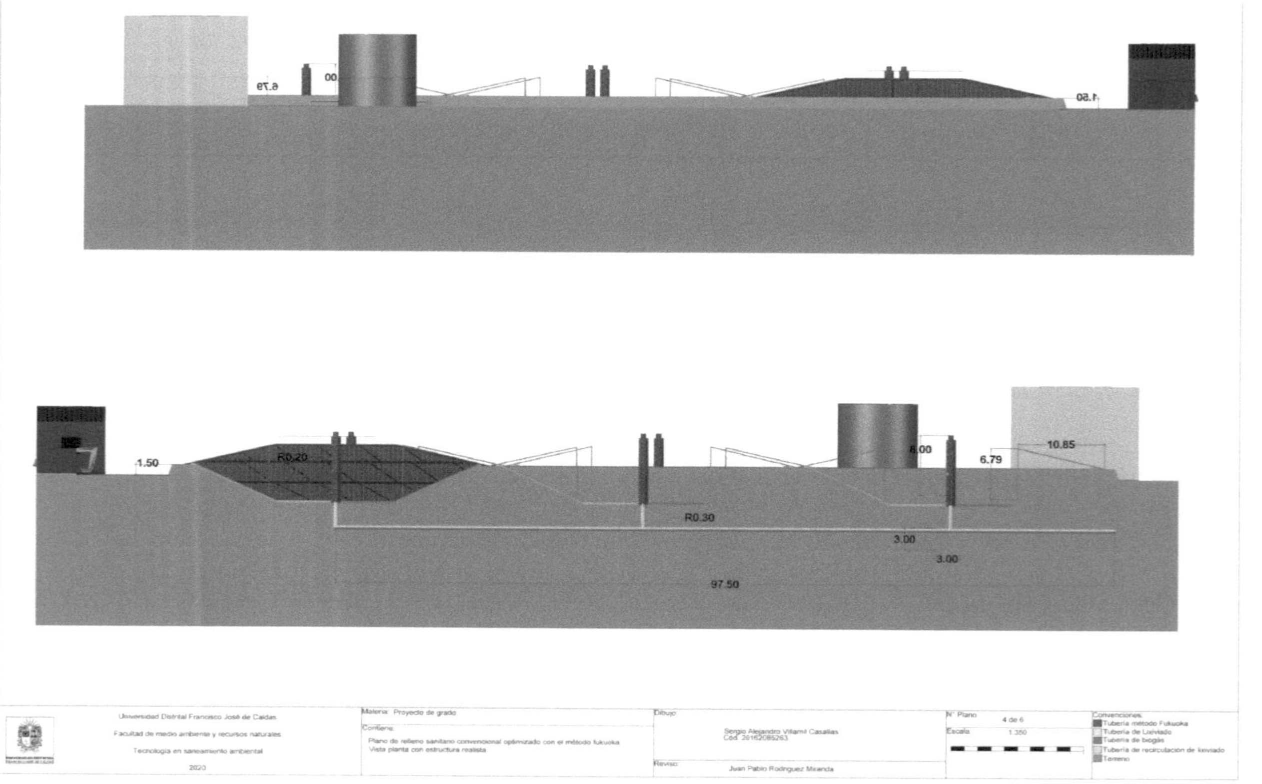

6.79
1.50
R0.20
R0.30
3.00
3.00
97.50
8.00
6.79
10.85
Universidad Distrital Francisco José de Caldas.
Facultad de medio ambiente y recursos naturales
Tecnología en saneamiento ambiental
2020
Materia: Proyecto de grado
Contiene:
Plano de relleno sanitario convencional optimizado con el método fukuoka.
Vista planta con estructura realista.
Dibujo:
Sergio Alejandro Villamil Casallas
Cód. 20162085263
Revisó: Juan Pablo Rodriguez Miranda
N° Plano: 4 de 6
Escala: 1.350
Convenciones:
Tubería método Fukuoka
Tubería de Lixiviado
Tubería de biogás
Tubería de recirculación de lixiviado
Terreno

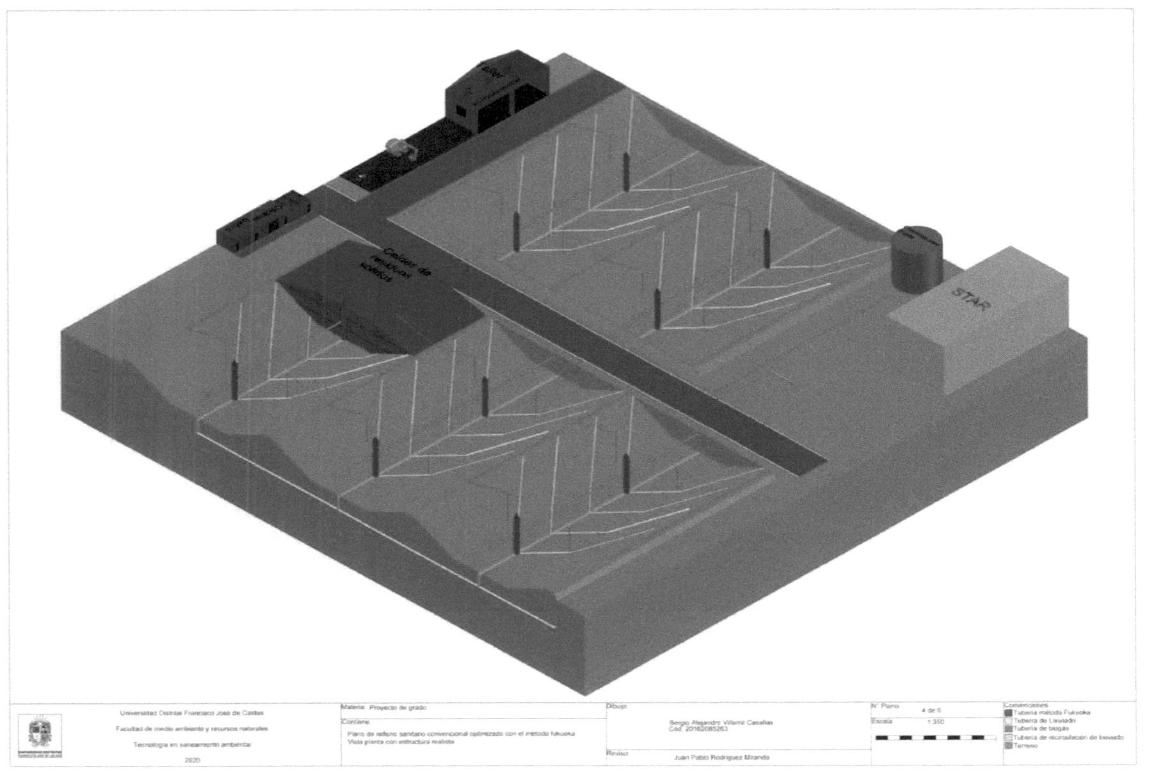

43

Printed by Books on Demand GmbH, Norderstedt / Germany